图形救援队

[西班牙] 帕博罗·马埃斯特罗　著　[西班牙] 罗莎·玛利亚·库尔托　绘
张雪玲　译

H.P.H 哈尔滨出版社
HARBIN PUBLISHING HOUSE

黑版贸审字08-217-013号

图书在版编目（CIP）数据

图形救援队 /（西）帕博罗·马埃斯特罗著；（西）罗莎·玛利亚·库尔托绘；张雪玲译. — 哈尔滨：哈尔滨出版社，2018.6
（数学趣味故事）
ISBN 978-7-5484-3830-4

Ⅰ.①图… Ⅱ.①帕… ②罗… ③张… Ⅲ.①数学-少儿读物 Ⅳ.①O1-49

中国版本图书馆CIP数据核字（2018）第 002300 号

Title of the original edition: FIGURAS AL RESCATE
Originally published in Spain by edebé, 2009
www.edebe.com

书　　名：**图形救援队**

作　　者：［西］帕博罗·马埃斯特罗　著　　［西］罗莎·玛利亚·库尔托　绘
译　　者：张雪玲
责任编辑：马丽颖　孙　迪
封面设计：小萌虎文化设计部：李心怡

出版发行：哈尔滨出版社（Harbin Publishing House）
社　　址：哈尔滨市松北区世坤路738号9号楼　　邮编：150028
经　　销：全国新华书店
印　　刷：吉林省吉广国际广告股份有限公司
网　　址：www.hrbcbs.com　　www.mifengniao.com
E-mail：hrbcbs@yeah.net
编辑版权热线：（0451）87900271　87900272
销售热线：（0451）87900202　87900203
邮购热线：4006900345（0451）87900256

开　　本：710mm × 1000mm　　1/24　　印张：1.5　　字数：5千字
版　　次：2018年6月第1版
印　　次：2018年6月第1次印刷
书　　号：ISBN 978-7-5484-3830-4
定　　价：26.80元

在宇宙遥远的一个角落里，存在着一个特殊的星系。在那里空气五彩缤纷，当万籁俱寂之时，可以听到星星们低声絮语。就在这里，生活着一群几何图形，它们静静地悬浮于空中。

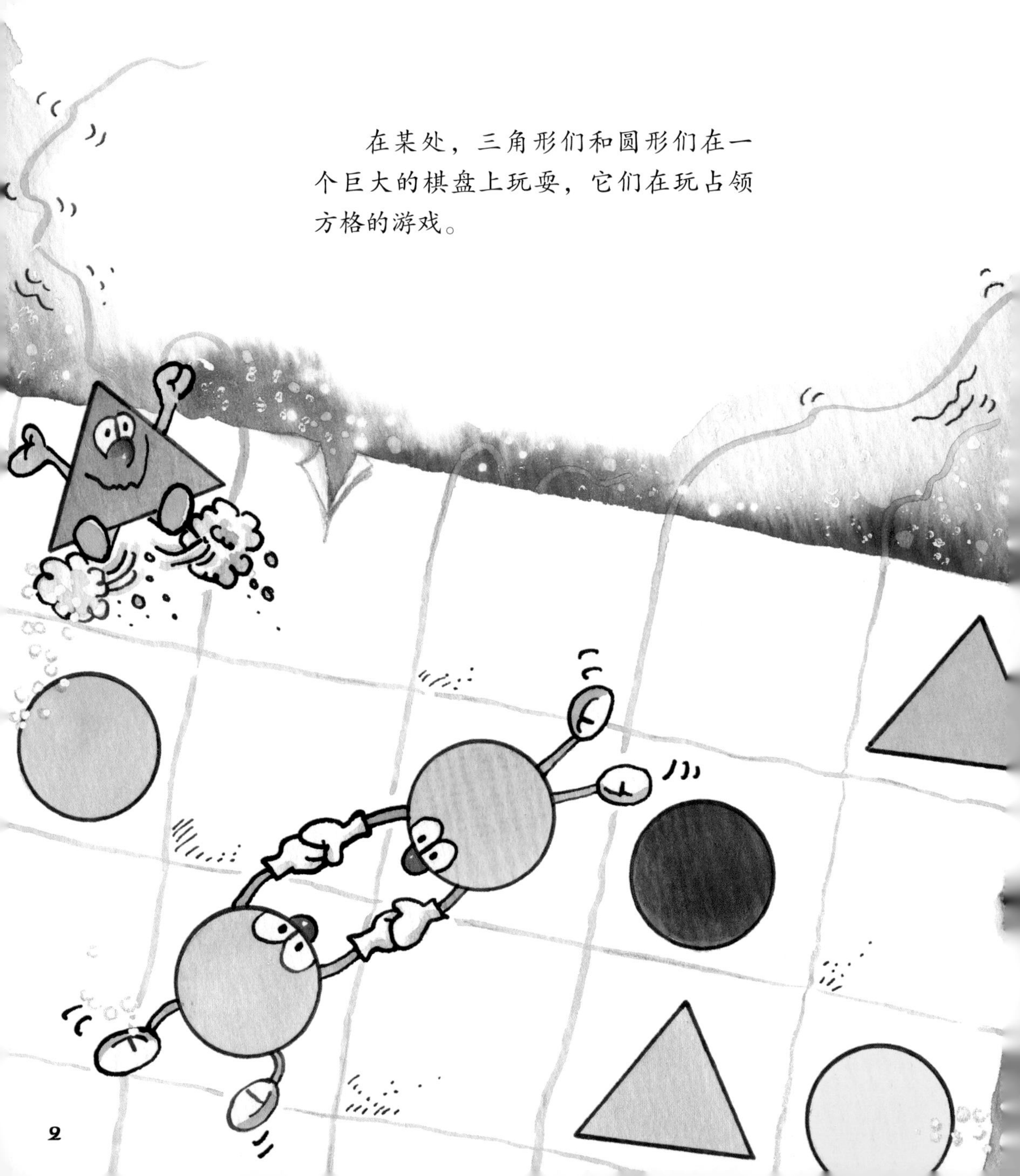

在某处，三角形们和圆形们在一个巨大的棋盘上玩耍，它们在玩占领方格的游戏。

在另一边，正方形们站在直线上走钢丝。正方形的上方和下方有许多对称几何体，这些几何形体们总是安静地踽踽独行。

然而一天下午，就在众几何图形无忧无虑地玩耍之时，空中突然传来了一声巨响，一个巨大的白色球体出现了。

“听着朋友们！我接到了一个求救信号！”白色球体大声地朝大家喊道，“大家别玩啦！”

听到大白球的召唤后，各个几何图形和几何体们满怀好奇地迅速凑了过来。

大白球继续向大家说道：“地球上有一个小女孩儿向我们求救了，我们现在就出发，前往太阳系！”

这里的几何图形们都心地善良，它们无法忍受任何一个小朋友难过。

几何图形们开始携手、联结，可以看出它们经常这么做。

不一会儿，它们就用自己的身体迅速组成了一艘庞大宏伟的宇宙飞船！

宇宙飞船在轰隆声中渐渐飞腾起来，一眨眼的工夫，就像一支箭一样加速航行了。它穿越了无数星辰，把许多行星抛在了身后。最终，远处隐约可见太阳的光芒。

碧拉尔站在房间的窗前，看到空中有千万个几何图形乘着降落伞纷纷下落，她吃惊极了，还以为自己在做梦呢！碧拉尔擦了擦雀斑脸上的泪水，拨开了挡住视线的乱发。难以置信！她跑到花园里，站在正方形和锥体中间。

“你就是碧拉尔，对吗？”一个声音在小姑娘的身后响起。她转过身，发现是一个巨大的白色球体。

碧拉尔不知道大白球是谁，但是她并不害怕，因为她仍在为自己的问题而苦恼呢。当然，她学过几何数学……

突然，碧拉尔发现这些图形都是朋友，能够帮助自己。

大白球滚到了碧拉尔身边，继续问道：“你遇到什么问题了啊？”

“你们很快就会知道，我们这片区域太干旱了，村民需要雨水。所以……（抽噎）所以……（抽噎）大人们要建一个大水库。”碧拉尔声音哽咽，断断续续地解释道。

大白球郑重其事地说：“这有什么不好的吗？有时候我们需要忍受自己并不喜欢的事物。”

碧拉尔大声嚷道：“但是水坝若建起来，整个山谷都会被水淹没，这样一来所有在那里栖居的动物都会受灾！”

“说的是！这个我们无法容忍！”

“不，我们绝不容忍！”所有的几何图形异口同声地抗议起来。

“叮，叮”，碧拉尔的窗户响了，是一个三角形在轻敲玻璃。

碧拉尔打开窗户，发现脚下有一条由正方形朋友们搭成的通向地面的楼梯，她激动得双腿都在颤抖。

碧拉尔走到地面后，大白球提醒她："小姑娘，今天晚上你所见到的一切都要保密，同意吗？"

“同意！”

于是，多边形、直线和几何体们开始行军了。长方形和圆形组成了一辆可以飞行的拖拉机，碧拉尔坐在上面。

就这样，他们很快来到了山区。那里水流湍急，飞瀑直下，蔚为壮观。

到这里轮到圆柱体们大显身手了，它们一个套一个，组成了一条狭长的管道。大白球兴致高昂地统筹指挥。正方形们载歌载舞，圆形们笑声盈盈，管道不断地增加长度。

不知不觉中，管道就通向了山谷。

碧拉尔仍然蒙在鼓里，她问：“现在我们要做什么呢？”

大圆球好像魔法师一样神秘地说道：“看着吧，答案很快揭晓。”

就在这时，碧拉尔目瞪口呆地看到，多边形和几何体们组成了一个巨大的喷泉。这个喷泉有两层楼高，像电影院一样宽敞。喷泉中央，圆锥体和直线们组成了水龙头。

“怎么样，碧拉尔？你喜欢吗？”

“我太喜欢了！你们真是太棒，太神奇了！”

碧拉尔在大白球的脸上印了一个大大的吻，大白球立马脸红了。

“嗯哼！我该走了，但是我把朋友们留给你。也许星系的另一个角落还有某个小朋友需要我们呢。”

碧拉尔心满意足又略带忧伤地跟它告别。真奇怪！不是吗？

第二天，村民们都围在了这个崭新的喷泉四周，泉水喷涌如瀑。大家虽然不明所以，但仍然兴奋地不停鼓掌。

真是奇迹！现在不用把山谷淹没，也不用建造水坝了，更不会让成百上千的动植物无家可归了……

只有碧拉尔，握着爸爸妈妈的手，脸上浮出神秘的微笑。这是她的秘密！

数学趣味故事

数学趣味故事丛书里面的每个故事都围绕一个数学内容展开，故事讲述和数学教育浑然一体，让读者能自然而然、饶有兴趣地理解。少年儿童可以在阅读的过程中，潜移默化地吸收知识。

为了达到这种寓教于乐的效果，我们邀请了杰出的儿童文学作家、插图画家和数学教育专家。

《图形救援队》一书围绕几何图形和几何形体展开，尤其适合于小学低年级的学生们阅读，不过本书内容富有趣味，也适合其他儿童阅读。三角形、正方形和圆形等，都是故事的主角。此外本故事还传达了**环境保护的教育理念**。